康生活系列

电锅百宝菜

郭月英　陈丽玲／著

中国农业大学出版社

推荐序

中国周商时代，使用的炊具已很多，诸如鬲、甗、鼎、甑、釜与灶等。鬲是有三空足的煮食器，甗指双层的蒸煮炊器，鼎是圆腹或方腹有耳有足的煮食器。比之今日，瓦斯与电器、微波炉与烤箱等，电锅是几十年来，台湾人的主食烹饪器具，方便、实用又好作。安全性与卫生性也很高，人数的增减，食材的变化，让饮食得以更好吃。

“电锅菜”是提供优质碳水化合物的料理，诸如菜饭、香笋饭、腊味饭、鲑鱼饭、红豆饭等，可以让人更开心有体力，更热心有朝气。另外，红糟肉片、清蒸蛋鲂鱼、归芪乌鸡汤、牛肉蔬菜汤、桂圆糯米甜粥、银耳莲子红枣汤等，都各有滋养补益。郭老师与陈小姐合作多年，出版著作几十本，工夫日益精进。她俩的电锅菜，让煮的人更有信心与爱心，吃的人更有活力与精力。

台湾人被人讥为只有便当文化，不如香港人的煲汤文化，忙碌的夫妻，若想让家庭更和乐，可以考虑从“电锅菜”下手，简单却不单调，有趣、开心、欢愉……充满其间，只有看了书去作，才知道妙不可言。

执业医师，台北市体育会铁人三项委员会主任委员 李家雄

作者序

厨房里有的是各式各样的炊具，我们却愈来愈欠缺时间。在来去皆匆忙的现代社会里，追求快速、简易，又不失营养与风味的餐饮，已是众多人的希望。

电锅，是家庭中最基本的用具，最主要的用途就是炊饭，但为弥补时间之不足，它其实可以发挥多元的功能，无论蒸、煮、炖、熬，都派得上用场，而且还无油烟弥漫、污染厨房，也无煎炸般食物上火，或煮糊烧焦的虞虑，还让忙碌的你，只要按下开关，即可放心地一心多用，忙于其他的家事。

电子锅的问世，又是另一大福音，不但可预约煮饭，内锅材质的研发，都能让我们更节约时间，而能享受更香、更甘醇的电锅菜肴。

本书集结多年来的厨房经验，加入制作养生保健料理的实作体会，呈现给大家另一番饮食的新风貌，期望能带给辛苦的你一份更贴心、更充满爱的烹调乐趣。

郭月英
陳麗玲

目录

CONTENTS

前言

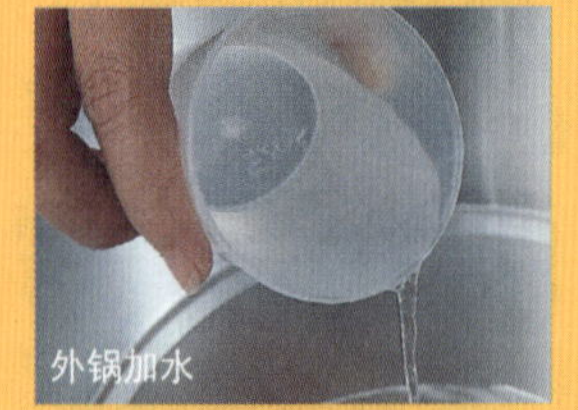
外锅加水

上层锅

蒸盘

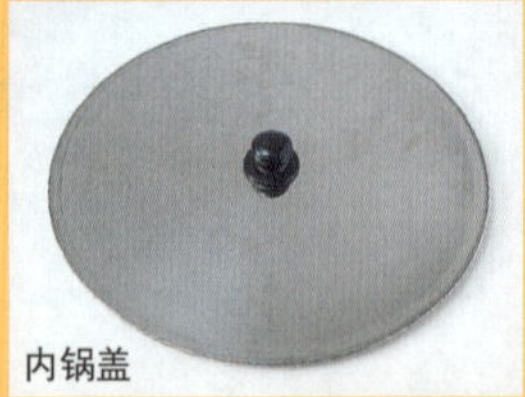
内锅盖

【电锅使用方法】

一、煮饭

1. 煮2人份饭量为例，利用计量杯2杯生米，盛进内锅，以清水淘净，沥干。
2. 在米中加水，加到内锅侧面壁记有“2”的刻度位置。
3. 再以计量杯2刻度的水倒进外锅，计量杯上有刻度。
4. 将内锅轻放于外锅中央位置，盖上锅盖，插上电源线，按下开关，煮饭指示灯亮着，开始煮饭。
5. 待开关自动跳起，不要立刻掀开，继续利用余热蒸炊，饭粒将更香，应记得掀盖后先将饭翻松。
6. 不拔插头维持在保温状态，不需保温则需拔掉插头。

二、炖汤、熬汤

1. 将材料处理干净，盛入内锅，加水盖满或盖过材料。
2. 外锅水量依食材煮熟的难易度斟酌，炖排骨、牛肉、鸡、鸭等肉类汤品，外锅约加3至4杯水。
3. 按下开关煮至自动跳起，稍焖15分钟，掀盖，加调味料，若仍未焖烂，则需第二度加外锅水，继续炖煮。
4. 炖熬一般蔬菜汤、鱼汤，外锅约需1杯水，熬萝卜、马铃薯等根茎食物，可酌加外锅水至2杯。

三、蒸鱼、蒸海鲜、蒸菜肴

1. 将材料处理干净，盛装于盘内。
2. 外锅加半杯至1杯水即可，将盘直接放入外锅蒸煮。

四、蒸肉

1. 将材料处理干净，盛装于盘内。
2. 外锅加2至3杯水，将盘置入外锅，按下开关即可。

【电子锅使用方法】

电子锅以煮粥、煮饭最适宜，只要在内锅，依米量加等量刻度的水，外锅不必加水，插上电源线，按下开关即可。

使用时的注意事项：

1. 米和水、食材和水（内外锅）务须尽量配合。
2. 内锅放进外锅前，要清除内锅底部和外锅内部的杂物，电子锅也需将内锅水分拭干再置入。
3. 开关跳起后，不要立即再按下开关通电，以免发生故障。
4. 注意开关、插座、电源线是否完整，若有龟裂破损，立即更新，以免酿成灾害。
5. 清洗时切忌将外锅整座浸水或冲水，且内、外锅都不宜使用金属刷具或磨粉清洗。

量米杯

内锅

电源线

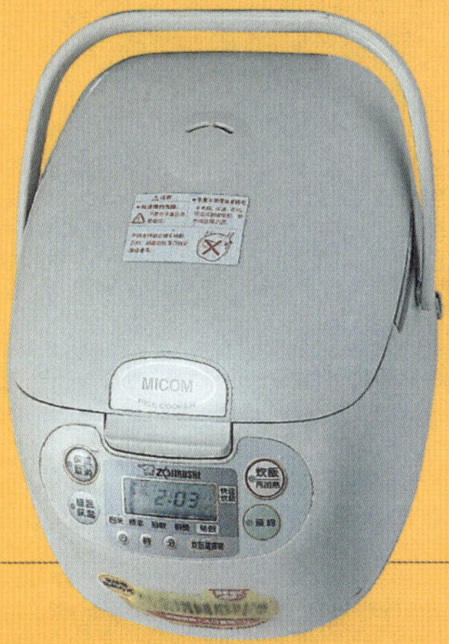

中药材料介绍

人参

大补元气、补肺益脾、改善食欲不振、倦怠乏力、失眠健忘、神志不安，并能提高免疫系统功能。

川芎

活血祛淤、行气止痛，改善肝气不畅致头痛、月经失调、经闭、痛经，对感冒头痛、偏头痛亦见效。

山药

滋补脾胃、润肺益肾，改善脾胃虚弱、食欲不振、腹泻体倦，及妇女带下之症，男性梦遗滑精之症。

巴戟天

补肾助阳、祛风燥湿，改善阳痿遗精、腰膝酸软、下肢寒湿酸痛，能强筋健骨、增进性功能。

牛乳甫

润肠通便，促进肠子蠕动，有轻缓的泄泻作用，预防便秘，改善痔疮便血之苦。

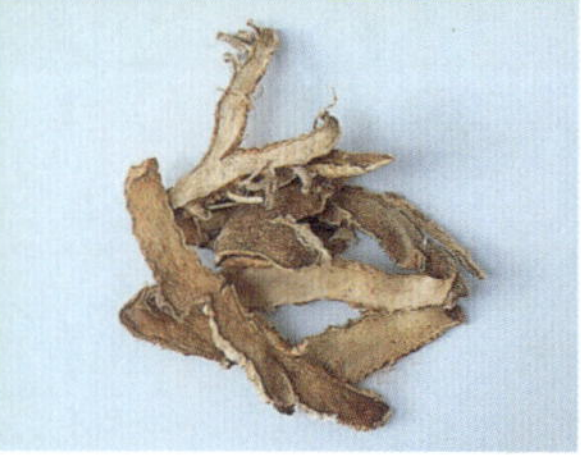

玉竹

滋阴润肺、养胃益津，改善肺热咳嗽、口渴不止、食不知饱之现象，并能调降血糖，有强心作用。

白术

补脾渗湿、利水止汗，改善消化不良、食欲不振、倦怠乏力、慢性腹泻，并利尿消肿，有安胎作用。

白果

祛痰定喘、止带止浊，改善咳嗽痰多、气喘气促，并对小便频数、遗尿、带下、白浊等现象有效。

白胡椒粒

温中散寒，改善胃寒不纳食、腹痛腹泻，适量食用，能增进食欲，改善营养状态。

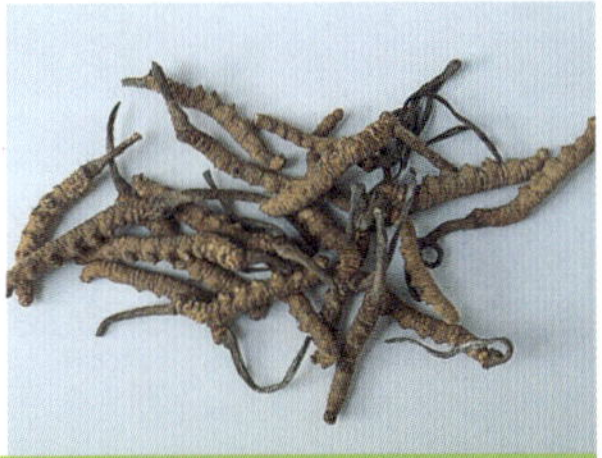

冬虫夏草

滋肺补肾，可为病后调养品，并调理阳痿遗精、肺虚久咳不愈、慢性支气管炎症，并助受孕。

羊乳头

清热解毒、祛咳止喘、消炎除湿，改善体热、痰积、咳嗽、咽喉肿痛，预防风热感冒、口干舌燥。

肉桂

温中补阳、散寒止痛，改善肾气失调致畏寒肢冷、食欲不振，久病体弱者亦可以此通血脉，活体力。

肉苁蓉

补肾良品，适合肾气虚弱、性功能失调、不易受孕者；并润肠通便，改善血虚便秘、下元虚冷。

沙参

润肺止咳、养胃生津，适合肺虚发热、干咳痰少、声音沙哑者，并能生津止渴，开胃助食促消化。

杏仁

有南杏、北杏之分，能止咳定喘、润肠通便，改善咳嗽气喘、久咳不愈，并润肠，预防便秘、痔疮。

贝母

有川贝、浙贝之分，都具止咳化痰、清热散结之功，改善风热咳嗽、痰浓黄稠，对乳腺炎亦见效。

何首乌

补肝肾、益精血、润肠、解毒，改善晕眩、失眠、腰膝酸软、筋骨痿弱、须发早白、性功能失调。

牡蛎

安神定性、收敛固涩，神志不安、失眠多梦、惊悸焦躁、头晕目眩、四肢抽搐等现象皆适合。

炒白芍

柔肝止痛，养血滋阴，改善月经失调、经痛、崩漏、盗汗、手足痉挛、头晕目眩，并有抗菌作用。

炒杜仲

补肝益肾、强健筋骨，改善腰酸背痛、乏力、晕眩、性功能失调，孕妇补益、胎动者能安胎助产。

芡实

健脾止泻、益肾固精，改善脾胃虚弱、慢性腹泻、梦遗滑精、遗尿，妇女下体分泌物异常等症。

炙甘草

补中益气、润肺祛痰、缓和药性、促进气血循环，缓和药物对肝脏的副作用，并止咳化痰定喘。

狗尾草

开脾助消化、补气助成长，促进小儿发育，改善营养状态，增长肌肉和体力。

枸杞

补养肝肾良品，清肝明目、补精壮阳，促进造血功能，增强非特异性免疫功能，并刺激成长发育。

柏子仁

安神养心、润肠通便，缓和失眠、焦虑、忧郁、健忘，补心效果佳，有助提升抗压能力。

哈士蟆

其卵巢、输卵管等组织为哈蟆油，成分多为蛋白质，能促进组织细胞之再生与修复，且抗老防衰。

红豆

又称赤小豆，能清热利水、散血消肿，改善脚气浮肿、孕妇水肿，且清热解毒，促痈疡排脓消肿。

红枣

补养脾胃，安神宁心，改善体倦乏力、不喜食饮，对健忘郁闷、思虑过度、心烦失眠之脏躁症有效。

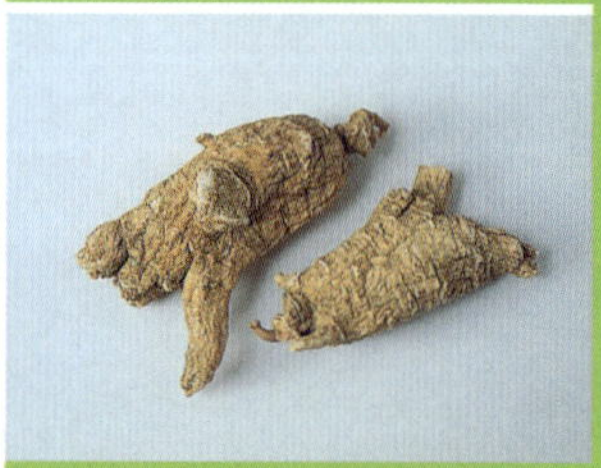

粉光参

补肺益气、养胃生津，改善虚热喘咳、咯血，并有强壮作用，镇静大脑、兴奋生命中枢，增进抗病力。

桂圆肉

补益心脾、增智安神，改善气血不足、心悸恐慌、健忘失眠、血虚痿弱，能增进抗菌、抗癌作用。

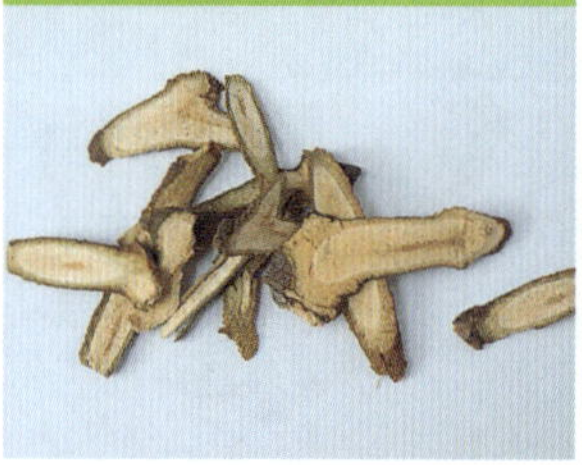

桑寄生

补肝肾、除风湿、强筋骨，改善风湿痹痛、关节僵滞、筋骨痿弱，并具安胎作用，止孕中出血。

茯苓

利水渗湿、消肿利水，改善脾胃失和、消化不良、慢性腹泻，并安心宁神，助睡眠、抗忧郁。

鹿茸

生精髓、强筋骨，改善脾功能失调、肢冷、下元冷痛、受孕不易，对体虚畏寒怕冷、腰膝酸软有效。

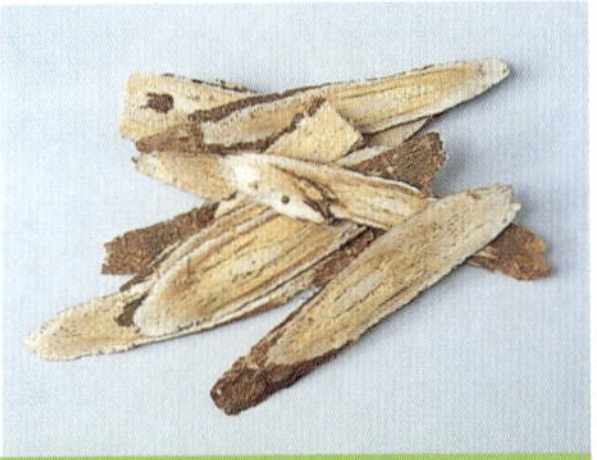

黄芪

补气升阳、托疮生肌，有明显强壮作用，增进新陈代谢，保护肝脏，提高免疫功能和抗病毒能力。

荷叶（干）

解暑清热，改善暑热、头胀胸闷、咽干口渴，能缓和中暑神昏、小便短赤、胸膈不畅。

紫苏

发汗解表，改善感冒风寒、恶寒、发热、汗闭，促排汗退烧，缓和轻度鱼虾蟹中毒，有杀菌作用。

椰枣

温中益胃，提供多种营养，补充热量，提振活力，充裕体能，改善营养失调。

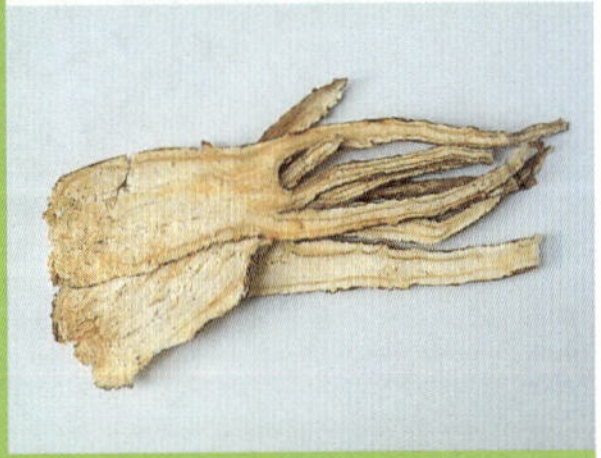

当归

为妇科要药，能调节子宫功能，改善月经失调、经痛，有安胎效果，并促进血行，提高抗病力。

酸枣仁

为滋养性安神药，能改善心肝血虚，缓和失眠、惊悸、恍惚、盗汗，有镇静作用，并益脑神经传导。

熟地

滋阴补血，改善血虚而面色萎黄、月经失调、晕眩、失眠、心悸、骨蒸潮热，并保护肝脏、助受孕。

莲子

安心养神、止泻健脾、益肾固涩，改善虚烦不眠、心悸恐慌，及肾虚遗精、崩漏、频尿等现象。

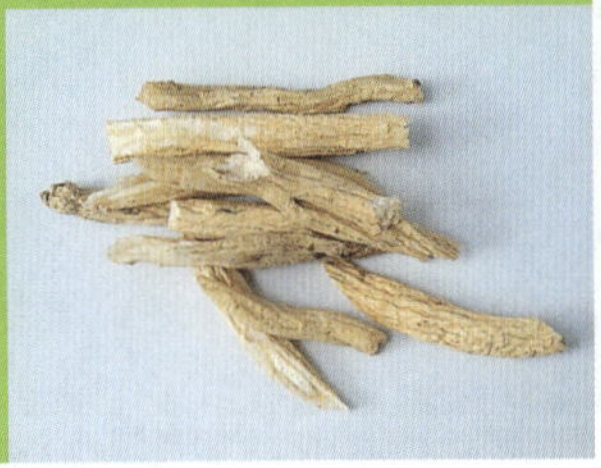

党参

补中益气、和胃生津，改善体虚气弱、四肢乏力、食欲不振、头晕眼花、心虚心悸、习惯性腹泻。

薏仁

健脾渗湿，除痹止泻，改善小便不利、脚气、水肿，湿痹痉挛，抚平扁平疣，但孕妇不宜。

龙骨

安神定志、收敛固涩，改善神志不安、惊吓恐慌、疑神疑鬼、头晕眼花、遗精带下、盗汗自汗。

龟板

益肾健骨，改善骨蒸劳热、潮热盗汗，对腰脚酸弱，筋骨痉挛有效，并改善血崩漏下。

荷叶排骨饭

做法procedures

1. 糯米淘净，以清水浸泡2小时，沥干水分。
2. 荷叶汆烫去涩，捞起，拭干。
3. 排骨以调味料腌渍1小时。
4. 香菇泡软，拧干，切丝。
5. 将荷叶摊平，先铺上糯米，排骨置中，并均匀加入香菇，包裹成方枕状，移入蒸盘。
6. 放进电锅，外锅加4杯水，蒸煮至开关跳起，续焖15分钟再掀盖。

材料ingredients

长糯米1杯（电锅量杯）、子排6两、香菇2朵、干荷叶1叶

【调味料】酱油2大匙、盐半茶匙、米酒半碗

吃出健康 healthy tips

- 糯米为“脾之谷”，是温补脾胃的重要谷粮，甘温之性能补中益气，调理肠胃消化吸收功能，充分供给能量和营养，改善营养失调、发育不良。唯糯米黏滞，不宜一次吃太多，小孩或银发族，以及在病程治疗或调养中都不宜。
- 荷叶有特殊香气，除能增添美味，开发食欲，还能清热解暑，改善头胀胸闷、口渴、小便不畅之症。

菜饭

1. 白米淘净。
2. 小油菜去烂叶，洗净；胡萝卜削皮，洗净，都切丝。
3. 将1、2混合，加高汤拌匀，入电子锅煮饭，待开关跳起，续焖10分钟即可。

做法procedures

1

2

材料ingredients

白米1杯、小油菜4两、胡萝卜2两、鸡高汤$1^{1}/3$杯

healthy tips

吃出健康

· 菜饭所用米的搭配，可纯用白米，亦可以白米、糯米各半搭配，口感上更显Q劲；为取方便之效，一般家庭可多用白米，且老少咸宜，不必受限糯米黏滞气之禁忌。

· 鸡高汤可选购市售的罐头成品，或是浓缩汤块，自己DIY更新鲜可口，只要两付鸡骨架，氽烫后，加水盖满材料，外锅加3杯水，煮至电锅开关跳起，即为香浓之鸡高汤，可用来炖汤、煮粥、煮饭。

香笋饭

1. 米淘净、沥干，盛入电子锅内锅，加2 ½杯水。
2. 竹笋剥去硬壳，修葺老硬部分，洗净、切丁块。
3. 香菇泡软、去蒂、轻挤去水分，切丁块。
4. 将2、3倒入1混合，加盐调味，按下开关，至开关跳起，续焖10分钟。

做法procedures

1

2

材料ingredients

发芽米2杯、绿竹笋8两、香菇2两

【调味料】盐半茶匙

吃出健康

- 发芽米是以良质的糙米，用温水促进米粒发芽18至22小时，让营养成分达到最高峰，再以低温迅速烘焙干燥，利用发芽过程中活化酵素，提高营养价值。
- 发芽米含有丰富的氨基丁酸等营养成分，可畅通血行，活化脑细胞，改善脑部血液循环和智能，预防老人痴呆和失忆，并能降低血脂肪、胆固醇，并抑制癌细胞分裂，是优质的新品米。
- 竹笋富含膳食纤维，促进排泄，可缓和肥胖、血脂、糖尿、便秘之现象，也适合高血压者食用，但肠胃虚弱或溃疡、手足末梢循环不良、有结石病史、老人及小孩则不宜多吃，在吃药疗程中，尤其是汉方，应该禁忌。

healthy tips

鲑鱼饭

增强智力·提供优质蛋白质

做法procedures

1. 鲑鱼片洗净拭干，抹上盐巴腌约5分钟，再冲净拭干。
2. 白米淘净，盛入电子锅内锅，将鱼片铺在米上，加2杯水煮饭。
3. 待开关跳起，续焖5分钟，掀盖，将鱼以筷子弄散去骨刺，轻轻将鱼块与白饭拌匀即成。

1

2

3

材料ingredients

白米2杯、鲑鱼片6两

【调味料】盐半茶匙

healthy tips

吃出健康

- 鲑鱼含有优质蛋白质，多为不饱和脂肪酸，增强体力、开发脑智、促进骨骼和牙齿成长发育，还可调整体质、滋补强身，可提供各种年龄层适当的营养补给，对产前、产后之滋养亦有助益。
- 鲑鱼含有丰富的脂肪酸，能减低血小板凝聚、降低胆固醇、维护心血管之弹性，并有益神经传导及荷尔蒙之合成。

促进食欲·补充营养

腊味饭

1. 白米淘净，盛入电子锅内锅，加2杯水至刻痕2为止。
2. 腊肠、肝肠放在米上，盖上锅盖，煮至开关跳起，续焖5分钟。
3. 取出腊肠、肝肠切斜片；青蒜去根须，洗净切斜片，分别铺在饭上即成。

做法procedures

材料ingredients

- 白米2杯
- 腊肠、肝肠各1条
- 青蒜1株

吃出健康

- 腊肠、肝肠分别以猪肉和猪肝为馅，口味浓郁，下饭助食，促进对热量与营养之吸收，发育中青少年食欲不振，即适合搭配腊肠、肝肠以开发食欲、补充热能，促进成长。
- 但是，腊味食品含有亚硝酸类物质，有致癌性；且高钠高糖高脂，高血压、肥胖、肾病、心血管疾病者都不宜多食。
- 搭配青蒜食用，其大蒜辣素、硫醚化合物等能阻断致癌物之合成，并提高机体免疫功能。

利水消肿・解毒排脓

红豆饭

1. 将米和红豆分别淘净，各以清水浸泡2小时，沥干，盛入电子锅内锅，撒入盐，加$3^1/_3$杯水煮饭。
2. 待开关跳起，续焖10分钟，再掀盖。

做法procedures

1

2

材料ingredients

糯米2杯、红豆1杯

【调味料】盐半茶匙

吃出健康

- 红豆即中药用之赤小豆，有利水消肿、解毒排脓之效果，自古常用来调理脚气水肿、风湿热燥、疮疡肿毒、小便不通、产后缺乳等现象。
- 红豆含颇高的钾质，有利尿消肿作用，可去体内湿气，消除浮肿虚胖，并助降低血压，但肾功能失调或尿毒者则不宜，高钾食物会引发钾钠失衡。
- 红豆煮饭、煮粥皆宜，粥多为甜品，饭则甜咸皆宜，煮红豆饭加点盐，反而更开胃。

healthy tips

桂圆糯米饭

益智健脑·预防早衰失忆

做法procedures

1. 糯米淘净，以清水浸泡半小时，沥干。
2. 红枣以清水泡软，去核、剥小块，桂圆肉剥散。
3. 将1、2盛入电子锅内锅，加$2\frac{1}{2}$碗水煮饭。
4. 煮至开关跳起，续焖10分钟再掀盖。

1

2

材料ingredients

糯米2杯、红枣10枚、桂圆肉2两

healthy tips

吃出健康

- 桂圆别名益智，具补益心脾、养血安神、助眠长智之功效，滋补效果佳，对气血不足、体力虚弱、失眠健忘、早衰失忆、惊悸怔忡等症有效。
- 桂圆搭配红枣更能促进血液循环，安宁心神与情绪，防治贫血、神经衰弱、焦躁忧郁，经常处于紧张状态，工作压力大者极适合常食用；自我要求高，完美主义者，或有忧郁症倾向者亦适合。

快速消除疲劳·维持良好精神状态

开阳糙米粥

材料 ingredients

糙米1杯、排骨半斤、开阳（虾米）1大匙、芹菜4两

【调味料】盐1茶匙、胡椒粉适量

做法 procedures

1. 米淘净，以清水浸泡2小时，沥干，盛入电锅内锅，加6杯水。
2. 排骨汆烫捞起，以清水冲净，倒入1中。
3. 开阳（虾米）以清水冲净，去杂质和壳，沥干水分，倒入1中，外锅加4杯水煮粥。
4. 芹菜去叶留梗，洗净切末。
5. 待电锅开关跳起，续焖10分钟，掀盖加盐，撒上芹菜末和胡椒粉即成。

吃出健康 healthy tips

· 糙米含有比白米丰富的纤维、矿物质、维生素，尤其是B族维生素，是维持精神、神经组织正常活动的重要物质，能快速补充体力、消除疲劳，并延长细胞寿命，发挥抗老防早衰效果。

· 经常喝酒，或生活工作环境污染严重，或肝功能较低落者，都适合常吃糙米食品。

滋阴壮阳·补肾健胃

胡桃糙米豆粥

1. 糙米淘净，以清水浸泡2小时。
2. 红豆、黄豆淘净，以清水浸泡2小时。
3. 将做法1、2及胡桃盛入电锅内锅，加5杯水，外锅加4杯水煮粥，待开关跳起加冰糖，续焖10分钟即成。

做法procedures

1

2

材料ingredients

糙米1杯、红豆半杯、黄豆半杯、胡桃（核桃）半杯

【调味料】冰糖2大匙

healthy tips 吃出健康

· 豆类是植物性食物中含蛋白质较多者，其中以黄豆含较高之蛋白质和脂肪，其蛋白质的氨基酸组成最接近人体需要，对促进成长、修护组织、产生抗体、荷尔蒙和酵素极为重要。

· 此粥富含多种维生素和蛋白质等，不仅保持皮肤健康、防止白发、秃头，并缓和肌肉酸痛，减轻湿疹、皮肤炎症，延长细胞寿命，避免过速早衰老化。

葫瓜咸粥

做法 procedures

1. 米淘净，加5杯水。
2. 葫瓜刨去皮，洗净、切丝。
3. 五花肉洗净，切丝。
4. 虾米以清水冲净，挑去杂质，沥干。
5. 将2、3、4倒入1中和匀，外锅加3杯水，煮至开关跳起，续焖10分钟，掀盖加盐调味。

1

2

材料 ingredients

葫瓜6两、白米2/3杯、五花肉4两、虾米2大匙

【调味料】盐1茶匙

吃出健康 healthy tips

- 葫瓜即匏仔，低脂低热量，利水消肿效果佳，改善体内湿气积滞、手足浮肿及虚胖。
- 此粥还能除烦去躁，调和心情，改善胸闷口苦、心浮气躁、湿疹痘疮及口臭体味重。

南瓜蒸蛋

增强抵抗力·防癌促肝细胞再生

材料 ingredients

鸡蛋2个、南瓜6两

【调味料】盐半茶匙

做法 procedures

1. 南瓜挖去籽，不削皮，盛在容器内，入电锅，外锅加$1\,^{1}/_{2}$杯水蒸熟。
2. 鸡蛋加1杯温水，加盐打匀成蛋汁。
3. 将南瓜挖取，加至2中，移入电锅，外锅加$^{3}/_{4}$杯水蒸蛋，待开关跳起即成。
4. 蒸的过程中，约5分钟掀一次锅盖。

healthy tips 吃出健康

- 南瓜补中益气、调理脾胃、增进食欲，是平补健康的优质食材，尤其富含维生素A和胡萝卜素，防治眼病、视力减退，最适合现代电脑族群食用，并有助提升免疫功能，抗自由基氧化，具防癌、促进肝细胞再生的效果。
- 鸡蛋的蛋白质组成与人体蛋白质组成相近，人体对其吸收率近乎百分之百；蛋黄中的卵磷脂、胆碱等，有维持记忆，防范失忆、健忘效果。

补养气血·茁壮体能·维持正常发育

粉蒸排骨

1. 排骨洗净沥干，以辣豆瓣酱腌20分钟。
2. 地瓜削皮洗净，切滚刀块，置于蒸盘底部。
3. 将排骨铺在2之上，均匀和上蒸肉粉。
4. 移入电锅，外锅加4杯水，蒸至开关跳起。

做法procedures

1

2

3

材料ingredients

排骨1斤、地瓜10两

【调味料】蒸肉粉3大匙、辣豆瓣酱1小匙

吃出健康

- 一般饮食中，维生素B_{12}主要摄取自动物性食物，因植物中含维生素B_{12}极少，而猪肉、排骨即是主要食源之一。维生素B_{12}促进成长发育，影响红细胞的形成与再生，维持神经系统的健康，并稳定情绪，消除躁扰不安，使注意力集中，增强记忆力。
- 地瓜又称甘薯、番薯，富含维生素C、膳食纤维及多种矿物质，可改善便秘，减轻压力、高血压等现象，对防治感冒亦有效。还提供大量胶原和多糖类物质，可保持血管弹性和关节面的润滑，防范血管硬化、关节酸痛。

healthy tips

蒸牛蒡肚片

滋补脾胃·改善食欲·帮助消化

做法procedures

1. 牛蒡削皮，洗净，切条状，下锅前先以薄盐水浸泡。
2. 牛肚切长条片。
3. 将1、2加调味料拌匀，移入电锅，外锅加4杯水，蒸至开关跳起。

1

2

材料ingredients

牛蒡8两、牛肚8两

【调味料】酱油2大匙、盐$\frac{1}{4}$茶匙、胡椒粉半茶匙

healthy tips

吃出健康

- 能去脾胃湿热、帮助消化、增进食欲；并促进肠子蠕动，促体内废物和毒素快速排出，防便秘及肠系病变。
- 亦具清热解毒、宣肺利咽作用，调理感冒初患，或轻症感冒头痛、咳嗽、喉咙肿痛、食欲不振，有抗病菌、抗肿瘤之成分。

促进食欲·消化食积

紫苏蒸蟳

做法 procedures

1. 自蟳的腹脐部剥开蟹盖，除去鳃，洗净。
2. 紫苏叶洗净，拭干，铺在盘底。
3. 将蟳置于紫苏叶上，洒上米酒，移入电锅。
4. 外锅加1杯水，蒸至开关跳起。

材料 ingredients

菜蟳1只、紫苏叶5片

【调味料】米酒2大匙

吃出健康 healthy tips

· 滋阴清热、养筋活血、消化食积，有调整免疫功能之效；肠胃热结、积滞不化者适合食用，但脾胃虚弱、慢性腹泻、海鲜过敏者不宜。

· 紫苏叶利尿消肿、行气宽胃，既能发汗解热，防治慢性气管炎症及感冒风寒，且能防止海鲜中毒，抑制杆菌，中和虾蟹寒凉之性。

烧酒虾

补肾壮阳·改善腰膝发冷乏力

材料 ingredients

白虾1斤、当归3钱、熟地3钱、桂皮2钱、黄芪2钱、甘草2钱、川芎1钱

【调味料】米酒2杯、盐1小匙

做法 procedures

1. 所有药材以清水洗净，盛入电锅内锅。
2. 虾子剪去须、脚，挑去肠泥，冲净沥干，加入1中，并将米酒倒入，外锅加1杯水，煮至开关跳起，加盐调味即成。

healthy tips

吃出健康

- 补肾壮阳、益气活血，阳气不足致腰膝酸软、体力匮乏，容易倦怠、头晕目眩、耳鸣、目视模糊、久不受孕、须发早白等现象，此方能提振阳气、促进气血循环，减轻以上诸症。
- 发育中青少年，如以此辅助发育，能促进生殖器官成熟，并提振活力。

滋阴壮阳·补肾健胃

枸杞蒸虾

1. 将枸杞子以米酒泡软。
2. 虾子剪去须、脚、挑去肠泥，冲净沥干，置于容器内。
3. 将枸杞连酒均匀撒在虾子上，移入电锅。
4. 外锅加半杯水蒸虾，待开关跳起即成。

做法procedures

1

2

材料ingredients

白虾1斤

枸杞子5钱

【调味料】米酒3大匙

吃出健康

· 健身强力，增强机体非特异性免疫功能，滋补肾阳，调理性功能失调，改善肝肾气不足、腰膝酸软、头晕目眩、阳痿遗精。

· 促进造血功能，降低血糖、血压，并刺激成长发育，补肝明目，保护视神经。

healthy tips

补充脑智和精力·调经防便秘

当归蒸虱目鱼

做法 procedures

1. 虱目鱼段冲净，鱼背上两面各斜割两刀，均匀抹上盐巴。
2. 当归加$1\frac{1}{2}$碗水熬高汤，熬至约剩1碗余，将1之鱼段放入，移入电锅。
3. 外锅加1杯水蒸鱼，待开关跳起，续焖5分钟起锅，将葱和辣椒切细丝，铺在其上即成。

1

2

材料 ingredients

虱目鱼身1段、当归2钱

【调味料】盐半茶匙、红辣椒1个、葱1根

吃出健康 healthy tips

- 延缓细胞老化，补充脑智和精力，使人耐力更持久，减轻疲劳、补给体力。
- 补血调经、活血止痛，改善月经不调、经闭、经痛、贫血虚弱、面色痿黄，并促进发育、健全子宫生殖功能。
- 跌打损伤血气淤滞、风湿痹痛、肠燥便秘，都适合食用以改善。

蛤蜊粉丝

清热除烦·改善小便不畅

材料 ingredients

1

2

蛤蜊10两、宽粉丝1小捆

【调味料】盐半茶匙、黑胡椒粉半茶匙、蒜2瓣、葱1根

做法 procedures

1. 蛤蜊泡薄盐水吐沙、沥干；粉丝以清水泡软、沥干，蒜瓣切细。
2. 将粉丝铺于盘底，淋上2大匙水，上放蛤蜊，撒上胡椒粉、盐和蒜茸，移入电锅。
3. 外锅加1杯水，煮至开关跳起，续焖5分钟起锅，葱切花撒在其上即成。

healthy tips 吃出健康

- 清热除烦、滋阴利湿、消肿散结，能滋润五脏六腑，开胃助食，改善小便不畅、水肿胀满、痰积不出。
- 蛤蜊性寒味咸，清利效果佳，能降低血压和血糖，预防高血压、糖尿病，但体质虚寒、脾胃消化功能低落、慢性腹泻，或对海鲜过敏者不宜。

补虚弱·暖脾胃·强筋骨

葱油鸡

1. 鸡腿冲净，移入电锅，外锅加1杯水蒸至开关跳起，续焖10分钟取出，均匀抹上盐，剁块，排盘。
2. 葱洗净，切细丝，均匀铺在鸡肉上。
3. 起锅将2大匙油加热后，直接将热油淋在2之上即成。

做法procedures

材料ingredients

鸡腿1只

【调味料】葱3根、盐半茶匙

吃出健康

· 补虚弱、暖脾胃，增加营养摄取，调节全身营养状态，促进成长发育、强健筋骨、增长肌肉，改善虚弱羸瘦、发育缓慢。

· 能减轻肠胃障碍、促进气血循环、稳定性格发展，维持健康的神经系统和正常的脑机能。

healthy tips

蒜汁白肉

增强抵抗力·提升免疫功能

做法procedures

1. 五花肉冲净，盛盘，移入电锅，外锅加1杯水蒸至开关跳起，续焖10分钟，出锅切片，盛于盘内。
2. 蒜瓣去膜，以刀背稍微拍裂再切细，与酱油和糖混合捶匀，淋在1之上即成。

材料ingredients

1

2

五花肉1斤

【调味料】蒜8~10瓣、酱油4大匙、糖2大匙

healthy tips

吃出健康

- 维持神经组织、肌肉、心脏正常活动，促进成长和红细胞之形成与再生，防止贫血，并集中注意力和平衡感，增强脑智与记忆力。
- 抵抗传染病，缓和多种抗生素的副作用和毒性，提升免疫系统功能。

增进体力·维持神经系统健康

珍珠丸子

做法procedures

1. 糯米淘净，以清水浸泡半小时，沥干。
2. 虾米以清水泡软，去杂质、沥干、切细。
3. 绞肉加虾米和调味料抓匀成馅。
4. 取馅握成一小丸，外表均匀裹上糯米。
5. 蒸盘表面抹一层薄油，将4之丸子一一摆上，移入电锅，外锅加2杯水蒸至开关跳起。

1

2

材料ingredients

绞肉6两、虾米2大匙、圆糯米1杯

【调味料】盐半茶匙、水2大匙、胡椒粉半茶匙

吃出健康

- 促使营养成分适当地被人体所利用，维持神经系统正常运作，防止贫血、增强体力、集中精神、提高学习效果。
- 能稳定情绪，消除烦躁不安，防止疲劳，增进抗病能力和适应压力的能力，常食用，特别是发育中或体弱气虚的人，能补气健身。

healthy tips

凉笋

清除体内废物·减肥防癌症

做法 procedures

1. 笋子切除硬壳，洗净，盛入内锅，加6碗水，移入电锅。
2. 外锅加2杯水煮至开关跳起，续焖5分钟，取出，直接浸泡在冷水中散热。
3. 待冷却后去掉硬皮，滚刀切块，放入冰箱冷藏；或整只冷藏后再切块，吃时蘸蛋黄酱提味。

1

2

材料 ingredients

绿竹笋2支

【调味料】蛋黄酱3大匙

healthy tips

吃出健康

- 清热消暑，化痰利咽，消化食积，含丰富纤维素，能促进肠子蠕动，通利排泄，清降肠胃，消化食积，有助减肥抗癌。
- 唯笋性微寒，且粗纤维含量多，肠胃虚弱，或病中及疗养中，不宜食用；若正服用中药疗病或进补阶段也不宜，以免妨碍药效。

锡箔包蒸菇

加强机体抗癌作用・促进肠胃蠕动

材料 ingredients

金针菇、蟹味菇各3两、奶油20克、锡箔纸1张

【调味料】盐半茶匙、黑胡椒粉半茶匙

做法 procedures

1. 将菇切去根部、洗净、沥干。
2. 锡箔纸摊平，铺上1，上置奶油，均匀撒上调味料。
3. 将锡箔纸包裹好，盛盘移入电锅，外锅加1杯水煮至开关跳起。

1

2

3

吃出健康 healthy tips

- 补气益胃，降低血脂，增加机体抗癌作用，提高免疫系统功能，促体内有毒物质排出。
- 有助调节血糖值，减轻压力，调节食欲，增加精力和耐力，也有提高性欲、调节性功能作用。
- 蕈类种类很多，各有特殊风味，可根据个人嗜好来搭配。

海苔海鲜卷

赐予活力·提升反应敏捷度

做法 procedures

1. 葱洗净切末。
2. 将虾仁、鱼浆、葱花和调味料抓匀成馅。
3. 海苔片摊平，将2之馅料居中放置，裹成长卷状，盛盘移入电锅。
4. 外锅加1杯水煮至开关跳起，续焖5分钟即成。

1

2

材料 ingredients

海苔片1大片、虾仁4两、鱼浆4两、葱2根

【调味料】盐半茶匙、胡椒粉半茶匙

healthy tips

吃出健康

- 帮助消化、赐予活力，保持身体的柔软性，提高反应的敏捷度，还能协助燃烧多余的脂肪，有减肥效果。
- 促进毛发、皮肤、指甲、牙齿的健康，并防心智迟钝、活力不足。

调理血液循环·使精神状态良好

红糟肉片

吃出健康

· 促进血液循环，增强四肢末端血液回流，改善四肢冰冷麻痹、畏怕冷气，暖和胃和身体，增进抗御寒冷的能力。
· 提升抗压能力，减轻焦虑急躁，使精神状态良好，常处于紧张状态、个性敏感、求好心切的人，常食能调剂身心。

healthy tips

做法 procedures

1. 白肉冲净，沥干。
2. 红糟与调味料和匀。
3. 将2均匀抹在肉片上，盛盘移入电锅。
4. 外锅加2杯水煮至开关跳起，续焖10分钟。
5. 取出，切片即成。

1

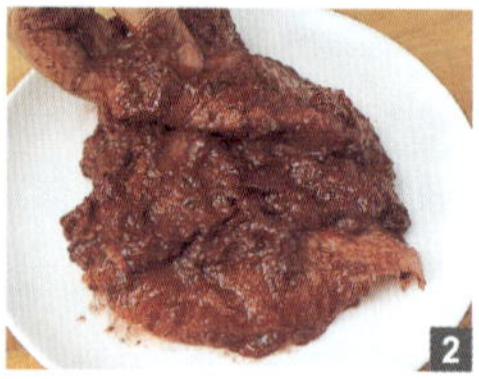
2

3

材料 ingredients

猪白肉2片、红糟（酒糟）半碗

【调味料】 酱油1大匙、糖1茶匙

healthy tips

吃出健康

- 促进成长和细胞再生，提升食欲、增强体力，缓和肌肉酸痛，预防皮肤炎症、湿疹。
- 保护肝机能，促进组织排除毒素；并刺激神经传导，增进记忆，防止记忆力衰退及老人痴呆症。
- 容易烦躁不安，或兴奋过度的人，偶尔进食鸡蛋黄、咸蛋黄，有镇定、调和情绪作用。

蛋黄蒸肉

促进食欲・改善营养状态

材料ingredients

绞肉6两、咸蛋黄1个

【调味料】蒜瓣2瓣、酱油$1\frac{1}{2}$大匙、盐$\frac{1}{4}$茶匙、豆豉1大匙

做法procedures

1. 蒜瓣剥膜切细。
2. 绞肉盛入容器，将蒜茸和其他调味料加入，以筷子顺同一方向拌匀，边拌边加水，拌至成稠状，将咸蛋黄置于其上，移入电锅。
3. 外锅加2杯水蒸至开关跳起，续焖10分钟即成。

强健骨骼和牙齿·刺激神经传导

清蒸蛋魩鱼

1. 蛋打入容器内，加盐和温水1杯，顺同一方向打匀成蛋汁。
2. 加入魩鱼；葱洗净切花，撒在其上，移入电锅。
3. 外锅加1杯水煮至开关跳起；煮的过程中约每5分钟掀一次锅盖。

做法procedures

材料ingredients

魩仔鱼2两、鸡蛋2个、葱1根

【调味料】 盐半茶匙

吃出健康 healthy tips

- 维持强健的骨骼和健康的牙齿，预防骨质疏松和软骨症；并维持心跳规律，缓和心悸、恐慌、失眠。
- 强化精神系统，刺激传达机能，维持反应的灵敏度，避免提早失去活力。
- 魩鱼、鸡蛋都能缓和紧张、减低生殖器官机能障碍，生理期间下腹绞痛的人，增加摄取量，能使症状减轻。

梅干扣肉

维持皮肤润泽与弹性·增进体能与精神

做法procedures

1. 五花肉洗净、沥干，切厚片，入热油中炸至双面呈金黄色。
2. 梅干菜以清水泡洗去盐分，拧干，切小段与调味料和匀。
3. 将1之肉片置在盘上，把2之材料铺在肉上，移入电锅。
4. 外锅加3杯水煮至开关跳起，继续焖10分钟即成。

1

2

材料ingredients

五花肉1斤、梅干菜1捆

【调味料】酱油1大匙、糖1茶匙

healthy tips

吃出健康

- 促进红细胞形成和再生，防止贫血，使肌肤有血色，并润泽肌肤，增进细胞保湿能力，维持其张力与弹性，避免痿黄枯瘦、粗糙多纹及过度角质化。
- 维持神经系统的健康，使养分让人体充分利用，以增进体力、促进成长发育。

提高注意力集中·降低紧张焦虑

葱姜蒸鱼

做法procedures

1. 鱼去鳞、鳃、肠肚、洗净，在两面背上各交叉斜划一刀，均匀抹上盐巴，盛于盘内。
2. 葱、姜洗净，切细丝，撒在鱼身上，再滴上米酒。
3. 外锅加1杯水，蒸至水蒸气冒出，放入鱼盘蒸12分钟，拔起开关即成。

1

2

材料ingredients

赤鲸鱼1尾、葱2根、姜1块

【调味料】盐半茶匙、米酒1大匙

吃出健康 healthy tips

- 益气活血，促进新陈代谢，增强并加速血液循环，刺激胃液分泌、兴奋肠道，促进消化，补给营养。
- 清神醒脑，提供较多氧气予大脑，有助思路清晰、集中意志，提高效率，并缓和压力、减轻紧张，改善失眠多梦、容易倦怠、不喜活动的情形。

笋丝蹄膀

促进食欲・补充营养・维持精力

1. 蹄膀洗净拭干，先入热油中过油，至整个蹄膀呈金黄色，盛入电锅内锅。
2. 笋干以清水泡软、拧干，加入1中，并加入调味料和3杯水，移入电锅。
3. 外锅加6杯水煮至开关跳起，续焖10分钟即成。

做法procedures

材料ingredients

蹄膀1个、笋干4两、葱4根、辣椒1个

【调味料】酱油5大匙、盐半茶匙、冰糖半大匙

healthy tips 吃出健康

- 提振胃口、刺激食欲、补充营养，维持体能和精力，增强耐力和御寒能力，对成长发育有助益，且提升抗病和免疫功能。
- 促进肠子蠕动、润肠通便，预防便秘和毒素堆积；唯蹄膀的热量和脂肪相当高，血压高、胆固醇高及肥胖者宜浅尝即止。

调理肠胃・增进消化吸收功能

四神猪肠汤

做法procedures

1. 薏仁、芡实淘净，以清水浸泡2小时，沥干。
2. 小肠处理干净后，汆烫捞起，冲净，切大段。
3. 将1、2和莲子、山药、茯苓盛入电锅内锅，加水至盖满材料，移入电锅。
4. 外锅加6杯水煮至开关跳起，续焖10分钟起锅，加盐调味，临食时洒点米酒提味。

1

2

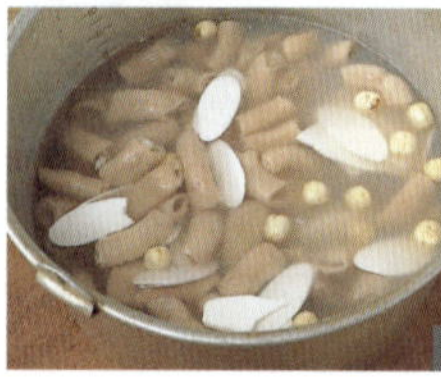
3

材料ingredients

薏仁、芡实、莲子各4两，
山药、茯苓各1两，猪小肠1斤
【调味料】盐半茶匙、米酒适量

吃出健康 healthy tips

- 调理肠胃、补脾止泻、渗湿利水，改善脾胃虚弱、食少、消化不良、肠子轻症发炎，并增强免疫功能，提高抗菌力。
- 益肾固精，改善肾虚梦遗、遗尿、频尿、久泻、带下，也可改善小孩夜尿、挑食、发育缓慢。

清蒸小卷

供给能量与活力、促进脑机能与性功能

做法procedures

1. 小卷冲净、沥干，盛盘，洒上米酒，移入电锅。
2. 外锅加半杯水蒸至开关跳起，续焖5分钟，起锅。
3. 姜、葱洗净切丝，撒在其上提味。

1

材料ingredients

小卷1斤

【调味料】葱1根、姜1小块、米酒1大匙

吃出健康

healthy tips

· 滋阴养血、利水祛湿，供给能量，提振活力，利尿消肿，去湿痹，散热燥，能改善更年期热潮红。

· 促进精神的敏锐度，缓和焦躁、恐慌；并有提升性功能效果，唯其肉质较韧，不易消化，脾胃虚弱、消化不良或海鲜过敏者，慎食。

滋阴补血·益气利水·改善虚弱

福菜鸭汤

1. 福菜切细，以清水洗去盐分，拧干水分，盛于电锅内锅。
2. 鸭肉洗净，盛入1中，加水至盖满材料，移入电锅，外锅加4杯水煮至开关跳起，续焖10分钟。
3. 试咸淡酌加盐调味。

做法procedures

1

2

材料ingredients

鸭肉1斤、客家福菜4两

【调味料】盐适量

吃出健康 healthy tips

- 滋阴补血、补气利水，男性阳气不振，头晕眼花、体力不济、心慌短气、动辄咳喘、失眠倦怠、性能力失调，都适合食用鸭肉炖品，可提振阳刚之气，改善虚弱力乏。
- 青少年以鸭肉炖补，能促进性成熟、生殖器官发育完全。

淮杞羊肉汤

祛寒补血·改善虚劳乏力

材料 ingredients

1

2

羊肉1斤、新鲜淮山（山药）6两、枸杞子1两、姜5块

【调味料】盐1茶匙

做法 procedures

1. 羊肉入热水中加姜片汆烫，捞起，冲净，盛入电锅内锅。
2. 淮山削皮，洗净切块，加入1中，枸杞子亦加入。
3. 加水至盖满材料，移入电锅内，外锅加6杯水。
4. 煮至开关跳起后，续焖10分钟，加盐调味。喜欢吃山药者可在最后10分钟才加入山药同煮。

healthy tips

吃出健康

- 补阳益精、暖中祛寒，改善虚劳羸瘦、气血失调、腰膝酸软、反胃不欲食。产后虚弱畏寒，体力恢复慢，可以此汤作为坐月子调理补品。
- 妇女虚冷、四肢常冰冷、指甲灰暗无采、唇色黯浊、脸色苍白，适合以此调补气血，促进末梢血液回流，也能提高受孕保胎之几率。
- 男性阳痿、持续力差、腰膝酸软乏力，此汤可振雄风、促进精子活动力。

防须发早白·改善腰酸背痛

首乌煮红糖蛋

1. 鸡蛋洗净外壳。
2. 加2碗水，将何首乌、枸杞子放入，移入电锅，外锅加1杯水煮至开关跳起，加糖调味。
3. 食时剥去蛋壳，吃蛋喝汁。

做法procedures

1

2

材料ingredients

何首乌3钱、鸡蛋2个、枸杞子5钱

【调味料】糖3大匙

吃出健康

- 补肝血、养肾气，乌须发、强筋骨，改善血虚头晕目眩、筋骨酸痛、须发早白、肌肤松坠、久病体虚。体弱常生病、慢性肝炎、免疫系统功能低落者都宜常食。
- 有一定的强壮作用，维护神经系统健康；能降低胆固醇，防止便秘、痔疮。对神经衰弱、忧郁、焦躁均有效，受失眠之苦者，宜常食。

healthy tips

五圆鸡汤

补养气血·强壮机体功能

材料 ingredients

鸡腿1只、白果半碗、红枣10枚、桂圆肉2两、莲子4两、枸杞子1两

【调味料】盐1茶匙

做法 procedures

1

1. 鸡肉洗净，盛入电锅内锅。
2. 将其他材料（桂圆肉要剥散）一起加入，加水至盖满材料，移入电锅。
3. 外锅加3杯水煮至开关跳起，续焖10分钟，加盐调味。

healthy tips 吃出健康

- 促进气血循环，强壮机体功能，延缓细胞老化，增进脑智，增强记忆，提高学习效果。
- 少男少女发育期，以此汤辅助促进发育、增强体能，为健康打下良好基础。
- 银发族常食此汤，活络脑神经传导，抑制自由基活动，延缓衰老的脚步，并润泽肌肤，红润面色，使肌龄显得年轻。

清心止渴·疏肝明目·除忧解烦

苦瓜香菇汤

做法procedures

1. 香菇以清水泡发，去蒂、拧干水分、切半。
2. 苦瓜洗净，剖半不去籽，切块。
3. 将1、2和鱼干、豆豉盛入电锅内锅，加水至盖满材料，外锅加3杯水，煮至开关跳起。
4. 试咸淡，酌加盐调味。

材料ingredients

苦瓜1斤、香菇3朵、豆豉2大匙、小鱼干1两

【调味料】盐适量

吃出健康 healthy tips

· 清心消暑、生津止渴、疏理肝郁、除烦解忧，缓解体躁发热、心浮气躁、怔忡失眠、心悸恐慌、眼睛红赤、口臭体臭、便秘痔疮。

· 解毒、抗菌效果佳，能抗皮肤过敏、痘疹面疱肿痛、痱子发痒，改善皮肤粗糙、角质增生，有美容作用。

· 炎夏常喝此汤，可预防中暑、风热、过敏搔痒，并清心解忧、减轻压力。

抑癌抗老防早衰·美容养颜

番茄黄芽排骨汤

做法 procedures

1. 排骨入沸水中氽烫，捞起冲净，盛入电锅内锅。
2. 番茄切瓣；黄豆芽挑去老须，冲净；豆腐切块，全加入1中，并加水至盖满材料，移入电锅。
3. 外锅加4杯水煮至开关跳起，续焖10分钟，加盐调味。

材料 ingredients

1

healthy tips

排骨10两、番茄1个、黄豆芽4两、豆腐1块

【调味料】盐$1\frac{1}{2}$茶匙

吃出健康

- 番茄含有丰富的茄红素、维生素C，都属强效抗氧化物质，能抑制体内自由基的氧化活动，减缓早衰老化，防治癌症。
- 同时是美容圣品，能清除肠内废物，避免新陈代谢后之毒素残留体内，破坏机体健康，既防治肠子癌变，又维护皮肤细胞，增强其保湿、澄清作用。

健胃助消化·滋阴补肾助睡眠

萝卜干贝排骨汤

做法 procedures

1. 干贝以清水泡半小时，水留用。
2. 萝卜削皮、洗净、切块。
3. 排骨入沸水汆烫，捞起冲净。
4. 将1、2、3盛入电锅内锅，加水至盖满材料，外锅加5杯水煮至开关跳起，加盐调味。

1

2

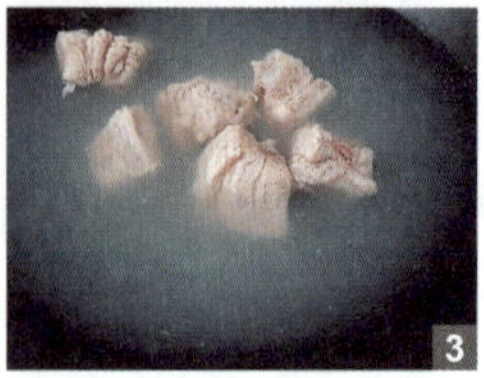
3

材料 ingredients

萝卜1斤、排骨10两、干贝6粒

【调味料】盐1 1/2茶匙

吃出健康 healthy tips

- 健胃消食、滋阴补肾，富含酶类，能帮助消化、消磨食积、祛脂瘦身，改善胀满、肠鸣肠气，并止咳化痰、除烦止渴、利尿消肿、改进睡眠。
- 常食厚脂重味、运动量不足、营养过剩者，都适合萝卜汤，尤以不加排骨、鸡肉等肉材者，更具消脂减肥作用。

十全大补鸡汤

调理气血循环·提升抗病能力

做法procedures

1. 鸡腿剁块，入沸水汆烫，捞起，冲净，盛入电锅内锅。
2. 将其他药材一并加入，加水至盖满材料，外锅加4杯水煮至开关跳起，加盐调味。
3. 食时可加少许酒提味。

1

2

材料ingredients

鸡腿1只，当归、熟地、党参、茯苓、白术、黄芪、炒芍各2钱，川芎、肉桂、甘草各1钱、红枣8枚

【调味料】盐2茶匙、料酒1大匙

healthy tips

吃出健康

- 调理气血、补脾健胃，促进血液循环和新陈代谢，改善月经不调、气血不足、虚弱贫血、眩晕耳鸣、须发早白、盗汗遗精、骨弱瘦羸，滋阴补血效果佳，能助孕防胎动。
- 保肝固肾、利尿、抗凝血、降血糖，改善面唇苍白、指甲灰黯、神疲体倦，对神经系统有保护作用，提高身体抗病能力，冬令进补可取之调理气血。

保肝抗衰老·活血促血行

归芪乌鸡汤

做法procedures

1. 鸡肉入沸水中氽烫，捞起冲净，盛入电锅内锅。
2. 将黄芪、当归一并加入，加水至盖满材料。
3. 外锅加3杯水，煮至开关跳起，加盐调味，淋上料酒。

1

2

材料ingredients

乌鸡腿肉10两、黄芪3钱、当归3钱

【调味料】盐1茶匙、料酒1小匙

吃出健康 healthy tips

- 补气补血、行气活血，改善气血两虚，适合贫血、血虚便秘、痛经崩漏、伤口久不愈合者食用；生理期间、产后虚热、大量失血或手术后虚弱衰弱者都可以此辅助调理。
- 能增进免疫力、抗老防衰、保肝抗菌、解痹止痉，并调节子宫收缩，助孕助性欲。

莲藕苹果炖排骨

滋阴壮阳·补肾健胃

材料ingredients

1

2

排骨10两、莲藕1节、苹果1个

【调味料】盐1茶匙、白醋1大匙

做法procedures

1. 排骨入沸水中汆烫，捞起冲净，盛入电锅内锅。
2. 莲藕削皮，洗净、切块；苹果削皮，洗净，去心籽，切块，皆加入1中。
3. 加水至盖满材料，并滴入醋，外锅加4杯水，煮至开关跳起，加盐调味。

healthy tips

吃出健康

· 补益心气、健脾养胃，可为整肠止泻剂，消解便秘，亦止腹泻，同时有安神、消除紧张、舒畅体气作用。

· 含大量抗氧化物质，有降血压、抗老、防癌作用，并调节体内钠盐，维持酸碱平衡，调整生理机能。

提升抗癌机制·维持年轻活力的体能

牛肉蔬菜汤

1. 牛腩洗净，切块，入沸水中汆烫，捞起，冲净，盛入电锅内锅。
2. 马铃薯、胡萝卜削皮，洗净；洋葱剥去外皮，洗净；番茄去蒂洗净，皆切块状，加入1中。
3. 加水至盖满材料，可酌加数叶月桂叶，外锅加5杯水煮至开关跳起，加盐调味。

做法procedures

材料ingredients

1

2

牛腩1条
马铃薯1个
洋葱1个
胡萝卜1条
红番茄2个

【调味料】
盐1茶匙

吃出健康

- 促进成长、强壮筋骨，有助免疫系统功能正常，维持神经系统健康，增进脑力和记忆力，预防贫血和脑障碍，老少都适合常食用。
- 有抗氧化、抗癌作用，使蛋白质细胞结构更坚定，以延长寿命，并促进身体修复能力，供给充裕能量和活力，还能保护关节，减轻关节炎的痛苦。

healthy tips

改善腰膝酸软乏力·补给肾气和精力

黑豆骶骨乌爪汤

做法procedures

1. 黑豆淘净，以清水浸泡2小时，沥干，盛入电锅内锅。
2. 尾骶骨剁块，入沸水中汆烫，捞起冲净，加入1中，乌鸡爪冲净，剁小段，亦加入。
3. 加水至盖满材料，外锅加5杯水煮至开关跳起，加盐调味。

1

2

材料ingredients

黑豆1杯、猪尾骶骨1副、乌鸡爪2个

【调味料】盐1茶匙

吃出健康 healthy tips

· 提供丰富蛋白质和胶质，促进人体组织的健康与修复，使体内养分能正常被利用，以促进成长、制造抗体，增强抗病能力。
· 有助荷尔蒙的产生，补充肾气和精力，提升性功能，改善腰膝酸软、腰尻发冷，有助消除某些不孕的毛病。

大蒜田鸡汤

改善虚劳烦热·水气浮肿

1. 蒜瓣去膜；田鸡剁块，一起盛入炖盅内，加水至盖满材料，移入电锅。
2. 外锅加2杯水煮至开关跳起，加盐调味。

做法procedures

1

2

材料ingredients

蒜8~10瓣、田鸡2只

【调味料】盐1茶匙

healthy tips

吃出健康

- 滋阴清热、利水消肿，改善虚劳烦热，四肢、面庞水肿，及小便不畅通。
- 增强抗菌能力，抵抗流感病毒，防治感冒、肠胃炎症；同时健胃、镇静、强壮。
- 黄昏到夜晚，即显出烦躁、疲劳，或体热、出汗、睡不安稳，或小便频数而量少色赤者，可多喝此汤。

益智安神抗疲劳·改善体力不济

人参枸杞汤

做法procedures

1. 将鸡肉冲净，盛入电锅内锅。
2. 加入参片、枸杞。
3. 加水至盖满材料，外锅加3杯水，煮至开关跳起，加盐调味。

1

2

材料ingredients

鸡腿1只、人参片3钱、枸杞子5钱

【调味料】盐1茶匙

吃出健康 healthy tips

· 滋补元气、宁心安神、抵抗疲劳、减轻紧张和压力，能兴奋精神、提升体力、增进记忆能力，改善体力不济、容易倦怠、情绪不稳。

· 增强机体的抵抗力和适应力，增进身心活力，刺激内分泌，促进人体的营养吸收，改善失眠、疲劳、焦躁。

海带蚬仔味噌汤

清肝解郁·减轻压力

1. 蚬仔洗净，浸于薄盐水中吐沙，沥干备用。
2. 海带芽泡清水，洗去盐分，拧干，切小段；豆腐、豆皮切小块。
3. 葱切花，姜切丝，备用。
4. 将1、2、3盛入电锅内锅，味噌酱以温水稀释，倒入，加姜丝，加水至盖满材料，移入电锅。
5. 外锅加1杯水，煮至开关跳起，下葱花、试咸淡，若不够咸酌加盐调味。

做法procedures

1

2

材料ingredients

蚬仔半斤、海带芽2两、豆皮1片、豆腐一块

【调味料】葱1根、嫩姜1块、味噌酱1/3杯

healthy tips

吃出健康

· 清肝解郁，加强肝脏排毒的功能，常抽烟、喝酒者，此汤能协助保护肝脏机能，有助酒精分解，清除体内废物。
· 能赐予活动力，提高反应敏捷性，减经压力和紧张，有躁郁倾向、容易疲劳者可常食；还有消脂、帮助体内多余脂肪燃烧的作用。

补血·促进乳汁分泌·丰胸助发育

花生猪蹄汤

做法procedures

1. 猪蹄剁块，入沸水中汆烫，捞起，冲净，盛入电锅内锅。
2. 花生仁亦汆烫去涩，捞起，加入1中。
3. 加水至盖满材料，外锅加5杯水煮至开关跳起，加盐调味。

1

2

3

材料ingredients

猪蹄1对、带膜花生仁1杯

【调味料】盐2茶匙

吃出健康 healthy tips

- 提供丰富蛋白质和胶原蛋白，促进乳腺发育及增生乳汁，少女发育期间，及产后乳少，都适合食用，以利于丰胸及催乳。
- 并有促进血液循环、润泽肌肤、促进皮肤细胞紧密细致和好肤色的作用，有利于保湿、细嫩、防过度角质化及毛孔粗大。

虫草鸭汤

益肺补肾·改善虚喘·畅气不足

做法 procedures

1. 鸭肉汆烫，捞起冲净，盛入电锅内锅。
2. 冬虫夏草以清水浸泡，挑去杂质，沥干，加入1中。
3. 姜洗净，切片，加入1中，并加水至盖满材料，外锅加4杯水煮至开关跳起，加盐调味。

材料 ingredients

1

2

冬虫夏草5钱、鸭肉1斤、姜1块

【调味料】 盐2茶匙

healthy tips

吃出健康

- 滋阴润肺，增进呼吸器官过滤污染空气的能力，降低呼吸道感染几率，预防咳嗽、气喘，改善久咳不愈、慢性支气管炎。
- 补养肾气，改善虚劳体乏、阳痿遗精、腰膝酸软或发痛、盗汗自汗、畏寒怕冷；病后体虚的人也可常食。

疏肝解郁·防范焦躁忧郁

金针鲜鱼汤

做法 procedures

1. 金针去硬蒂、打结、冲净，备用。
2. 鱼去鳞、鳃、肠肚、洗净、切段，盛入电锅内锅。
3. 葱切段，姜切丝，和金针一同倒入2中，加水至盖满材料，外锅加$1\frac{1}{2}$杯水，煮至开关跳起，加盐调味。

1

2

材料 ingredients

鲜鱼1尾（约12两重）、干品金针1两

【调味料】葱1根、姜1块、盐1茶匙

吃出健康 healthy tips

- 宽胸利膈、疏肝解郁、帮助消化，改善心神不宁、失眠健忘、情绪失调、容易紧张，有减压、催眠、宽心、改变心情、忘怀烦恼的作用。
- 有提升人体抗氧化的效果，并助胎儿发育，孕妇适合食用；妇女月经量少，贫血或产后乳汁分泌少都适合。

猪脑枸杞汤

益智健脑·改善头痛健忘

做法procedures

1. 猪脑以牙签挑去膜和血丝，以水缓缓冲净，盛入碗盅内。
2. 枸杞以水冲洗一下，捞起撒在1内，加水至盖满材料，移入电锅。
3. 外锅加1杯水，煮至开关跳起，加盐调味。

材料ingredients

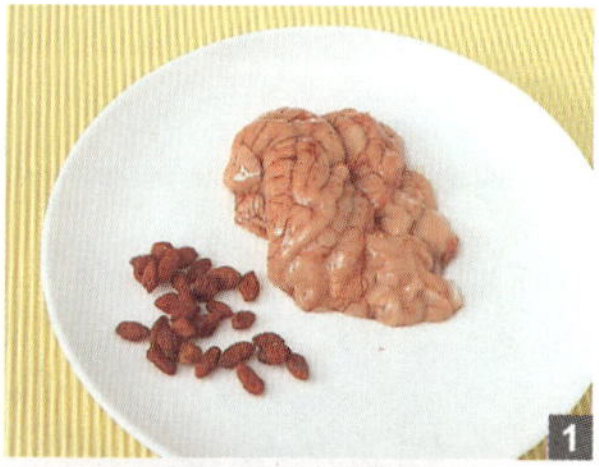

1

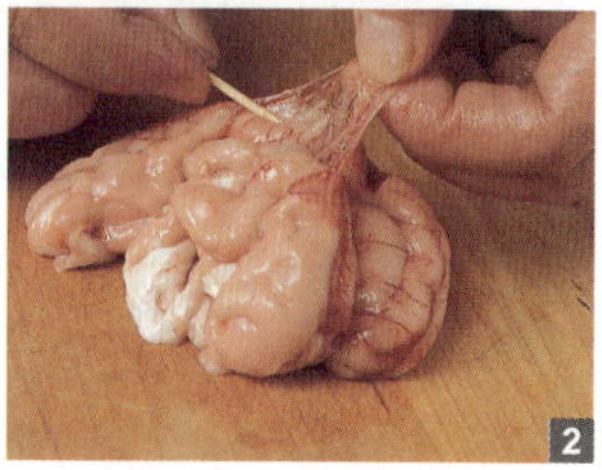

2

猪脑1副、枸杞子1两

【调味料】盐1茶匙

healthy tips

吃出健康

- 改善头风、头痛、晕眩，经常头痛、偏头痛或头晕目眩、神智不清、迷糊健忘者可常食用，有益智健脑、祛风止痛止晕作用。
- 肝肾虚弱，阳气不足而致头晕、耳鸣、头胀痛不清爽者，或是脑震荡之后，都适合以此通血脉，促进脑神经传导。

开脾补气·助小儿发育

狗尾草鸡汤

吃出健康 healthy tips

- 能开脾，促消化，补气助成长，小儿发育缓慢、挑食、营养失调，可食此以开脾健胃，促进成长发育，增长肌肉和体力。
- 狗尾草除热、去湿、消肿，改善眼睛发炎红赤、疮癣瘙痒、痈肿不消，尤其擅长减轻目痛，有光明草美称。

做法procedures

1. 鸡肉冲净，沥干，盛入电锅内锅。
2. 将狗尾草盛于网篮，以清水冲过，倒入1内。
3. 将红枣、枸杞一并加入，并加水至盖满材料，外锅加3杯水煮至开关跳起，加盐调味。

1

材料ingredients

狗尾草1两、鸡腿1只、红枣10枚、枸杞子1两

【调味料】盐1茶匙

驱风邪镇咳嗽·解毒除湿燥

牛乳甫红枣鸡汤

做法 procedures

1. 鸡肉冲净，沥干，盛入电锅内锅。
2. 将牛乳甫、红枣一并放入。
3. 加水至盖满材料，外锅加3杯水煮至开关跳起，加盐调味。

材料 ingredients

1

牛乳甫1两、鸡腿1只、红枣10枚

【调味料】 盐1茶匙

healthy tips

吃出健康

- 润肠通便，有轻缓的腹泻作用，改善便秘、减轻痔疮便血之苦。上班族长时间坐姿，肠胃缺乏蠕动，或工作紧张、排泄习惯不良，有便秘、痔疮者，可常食。
- 牛乳甫即牛奶浆，为民间常用草药。

补肺益气·强化呼吸系统抗病力

粉光小肚汤

1. 猪小肚洗净，汆烫捞起，切大片，盛入电锅内锅。
2. 将粉光片、枸杞子加入，加水至盖满材料，移入电锅，外锅加3杯水，煮至开关跳起，加盐调味。

做法procedures

材料ingredients

粉光3钱、枸杞3钱、猪小肚1副

【调味料】盐1茶匙

吃出健康

- 补阴退热，润肺益气，能清虚火、生津止渴，改善咳嗽、气管炎症；肺气虚弱，动辄感冒，口干舌燥、发烧力虚的人，即适合此菜，可强化呼吸道的抗病力。
- 肾气不足，易腰脚乏力、腰尻发冷、盗汗发热的人，阴虚气不足，食此可滋阴降火，促气血循环。

healthful diet

天麻鱼头汤

改善头晕目眩·头风头痛·半身不遂

做法procedures

1. 鱼头洗净、沥干；番茄洗净、去蒂、切块；豆腐切小块，盛入电锅内锅。
2. 将海带结冲净，鲍鱼菇洗净，剥散，盛入1，加进天麻，加水至盖满材料，移入电锅。
3. 外锅加1 1/2杯水，煮至开关跳起，加盐调味。

材料ingredients

1

天麻2钱、鱼头半斤、番茄4两、海带结2两、
新鲜鲍鱼菇2两、豆腐1块

【调味料】盐2茶匙

healthy tips

吃出健康

· 祛风定惊，镇静止痛，减轻头风头痛、肢体麻木、半身不遂、眼圈发黑。为改善头痛症、晕眩症的常用汤品。
· 有安静宁心、平肝顺气，活血止痛的效果，肝气抑郁致头痛晕眩、耳鸣、失眠、烦躁者，可常食；在暴怒之后，或经历极度伤心事致头晕痛、失眠，都适合食用。

解毒清热·镇咳止喘·消炎除湿

羊乳头枸杞鸡汤

吃出健康 healthy tips

· 清热解毒、镇咳止喘、消炎除湿，改善体热燥湿、积痰不出、咳嗽气喘、咽喉不畅，常患风热感冒、痰浓稠、咽喉干燥口渴，都适合食用此汤来改善体质，增强抗病力。

做法procedures

1. 鸡肉冲净，沥干，盛入电锅内锅。
2. 将羊乳头、枸杞子也加入。
3. 加水至盖满材料，外锅加3杯水煮至开关跳起，加盐调味。

1

材料ingredients

羊乳头1两、鸡腿1只、枸杞子1两

【调味料】 盐1茶匙

花椒猪肚糙米粥

健胃厚肠·增进消化吸收功能助成长

做法procedures

1. 猪肚洗净，汆烫捞起，切大块。
2. 糙米淘净，浸泡2小时，沥干。
3. 将1、2盛入电锅内锅，撒进花椒粒，加水至盖过材料，外锅加4杯水煮至开关跳起。
4. 续焖10分钟，加盐调味。

材料ingredients

猪肚1斤、糙米2/3杯、花椒粒1大匙

【调味料】盐2茶匙

healthy tips

吃出健康

- 温中散寒、厚实肠胃，增进消化吸收功能，改善积滞不消、不喜饮食，特别是平日食饮过量的碳水化合物饮料、冷饮，或是速食餐点而影响食欲和消化者，宜食用此粥以暖胃、调节消化吸收功能。
- 畏寒，遇冷则胃痛，或脸色苍白、唇鼻周围泛青或黯浊的人，此汤可祛寒益胃气，畅通血脉，灵活关节、强健肌力。

温胃补肾·增进御寒能力

红糟羊肉

1. 羊肉汆烫去腥，捞起冲净、沥干。
2. 姜刷净，拭干，切片，入炒锅与红糟炒香。
3. 将羊肉加入拌炒均匀，再盛入电锅内锅，加水至盖过材料。
4. 外锅加6杯水煮至开关跳起，续焖10分钟，试咸淡，酌加盐调味。

做法procedures

材料ingredients

羊肉1斤、红糟（酒糟）2/3杯、老姜1块

【调味料】盐适量

吃出健康 healthy tips

· 健脾暖胃、益肾补虚，促进气血循环，开胃促食欲，能活血化血淤，产后血淤不出腹痛、腰膝羸弱，可以此为坐月子滋补汤品。

· 肾气不足，血液循环不畅者，于秋冬之交或冬季里，多食此汤，能改善四肢冰冷麻木、怕冷、膝盖冰冷、腰尻酸冷的现象。

双仁猪心汤

除烦解忧·安心宁神·提升睡眠品质

做法procedures

1. 柏子仁、酸枣仁装入棉布袋扎紧。
2. 猪心挤洗去血水，汆烫捞起，再洗净一次。
3. 将药袋盛入煮锅，加4碗水，外锅加$1\frac{1}{2}$杯先熬高汤。
4. 将猪心切片，葱切段，倒入3中，外锅再加半杯水煮至开关跳起，加盐调味。

1

2

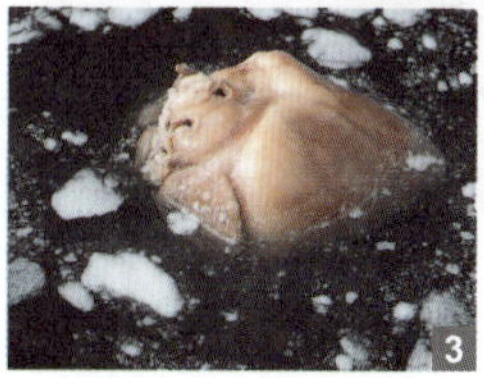

3

材料ingredients

猪心1个、柏子仁5钱、
酸枣仁5钱、葱3根、棉布袋1只
【调味料】盐2茶匙

healthy tips

吃出健康

- 健脑镇静、除烦解忧，对血虚引起之失眠、惊悸、恍惚、忧郁、烦躁、魂不守舍，有养心安神、助眠止惊作用，补心效果极佳。
- 血虚易肠燥便秘，此汤滑肠润燥，能润肠通便，改善便秘。

改善咽干口渴·食欲减退

沙参玉竹猪肺汤

1. 猪肺挤洗去肺泡中黏液，汆烫捞起。
2. 嫩姜洗净，切丝。
3. 将1、2及沙参、玉竹盛入电锅内锅，加水至盖过材料，外锅加$1\frac{1}{2}$杯水煮至开关跳起。
4. 取出猪肺切片，加盐调味。

做法procedures

1

材料ingredients

沙参5钱、玉竹5钱、猪肺1斤、嫩姜1块

【调味料】盐2茶匙

吃出健康

- 滋阴清热、生津润肺、止渴镇咳，改善风热咳嗽发烧、燥咳久咳、气管炎症、咳嗽痰中有血。肺结核、慢性支气管炎者，可以此调理肺功能，并能开胃口，补给体力。
- 咳嗽气虚、痰白或稀淡的人，则不适合。

healthy tips

南北杏猪肺汤

镇咳平喘·增强呼吸道抗菌能力

做法 procedures

1. 猪肺挤洗去肺泡中黏液，氽烫捞起。
2. 嫩姜切片，葱切长丝。
3. 南杏、北杏和1、2一同盛入电锅内锅，加水至盖过材料，外锅加2杯水，煮至开关跳起。
4. 取出猪肺切片，加盐调味。

1

材料 ingredients

南杏、北杏各5钱、猪肺10两、葱2根、姜1块

【调味料】盐1茶匙

吃出健康

- 镇咳平喘、消痰润肺，增强呼吸系统抗菌能力，防治感冒喘咳、痰积不化、胸闷满胀、心下发痛。
- 能润燥清汤，改善便秘、胀气。
- 有美白润肤、柔顺汗毛、收缩皮肤毛细孔作用；还有润喉效果，经常发声者，或喉咙习惯性发炎、声带受损，都可以杏仁料理来调理。

安胎防流产·补肾强筋骨

杜仲寄生鸭汤

做法 procedures

1. 鸭肉汆烫，捞起冲净，盛入电锅内锅。
2. 药材以清水快速冲净。
3. 将2倒入1中，加水至盖过材料，外锅加3杯水煮至开关跳起。
4. 续焖10分钟，加盐调味。

1

2

3

材料 ingredients

炒杜仲5钱、桑寄生5钱、红枣10枚、鸭肉1斤

【调味料】盐1茶匙

吃出健康 healthy tips

- 补肝肾、强筋骨、除风湿，改善腰膝酸痛、乏力倦怠、晕眩眼花、阳痿、小便频数；对风湿腰痛、关节僵滞、筋骨酸痛亦有效。
- 有安胎作用，孕妇体虚、怀孕出血、胎动不安，此汤养血安胎，并促进胎儿健康。

巴戟天、椰枣排骨汤

改善月经失调·阳痿遗精

做法procedures

1. 排骨汆烫捞起，冲净，沥干，盛入电锅内锅。
2. 将其他材料清水冲净亦加入，加水至盖过材料，外锅加3杯水煮至开关跳起。
3. 试咸淡，酌加盐调味，亦可不加盐，取其天然甘美味。

1

2

3

材料ingredients

巴戟天5钱、椰枣6枚、红枣8枚、排骨1斤

【调味料】盐适量

healthy tips 吃出健康

- 补肾助阳、散风祛寒，改善阳气不足、阳痿遗精、腰膝酸软，可调补性机能、强壮筋骨、增加生育几率。
- 能散寒湿、去痹痛，尤其是下肢循环不良、膝盖冷痛、麻痹发痛者，可去脚湿气水肿。
- 亦具调降血压的作用，能改善子宫虚冷、月经失调、小腹冷痛。

生精益气强腰肾·改善腰脚痿弱

龟板栗子排骨汤

1. 排骨汆烫，捞起冲净，盛入电锅内锅。
2. 栗子入沸水中烫过，捞起，去薄膜。
3. 胡萝卜削皮，洗净，切块。
4. 将2、3和龟板倒入1中，加水至盖过材料，外锅加4杯水煮至开关跳起。
5. 续焖10分钟，加盐调味。

做法procedures

1

2

材料ingredients

龟板1两、栗子5两、排骨1斤、胡萝卜4两

【调味料】盐2茶匙

吃出健康 healthy tips

· 补益肝肾，强健筋骨，能改善肾气肝气不足，腰膝乏力酸痛、遗精、崩漏、骨蒸潮热，并调节机能，增强自我控制及稳定的能力。

· 筋骨不健、腰脚痿弱，经常无名跌跤，腰膝发冷发酸，或发育不良、体格瘦小，都适合如此调理。

改善孕妇水肿·促进产后乳汁分泌

红豆鲤鱼汤

做法procedures

1. 红豆淘净，以水浸泡2小时，沥干。
2. 鲤鱼去鳞、鳃、肠肚、洗净拭干，入热油炸至酥黄，起锅沥干油，盛入电锅内锅。
3. 葱切段，姜切丝，和红小豆一并倒入2内，加水至盖过材料，外锅加3杯水煮至开关跳起。
4. 加盐调味即成。

1

2

材料ingredients

鲤鱼2尾（每尾约5两重）、红豆1杯、葱2根、姜1块

【调味料】盐1茶匙

healthy tips

吃出健康

- 清热利水、散血消肿，通利小便，消脚气浮肿、风湿热痹；并能解毒排脓，消疮疡肿痛，并促排脓止痛。
- 能改善孕妇水肿，有安胎作用；还有通乳的效果，妇女产后乳汁不足，此汤可增生乳汁。

安心宁神防忧郁·维持脑神经正常运作

花生金针猪肠汤

材料 ingredients

猪小肠1斤、干品金针2两、带膜花生仁6两、猪大骨1块

【调味料】 盐2茶匙

做法 procedures

1. 金针打结，去硬梗，以清水冲净、沥干。
2. 小肠、大骨汆烫，捞起，冲净，小肠剪成约4厘米长，和大骨都盛入煮锅，下金针、花生，加水至盖过材料。
3. 外锅加4杯水煮至开关跳起，续焖10分钟，加盐调味。

1

2

3

4

吃出健康 healthy tips

· 安顿肠胃，调节心气，宁心镇静抗忧郁，维持脑神经正常运作，预防早衰老化、失忆健忘，并能集中心志，提振精神。

· 要承受来自四面八方不同的压力，必须有解压、纾缓的管道，除了运动、休闲之外，食疗亦是很好的选择，金针有忘忧解压、调升适应力的效果，宜常食用。

葱枣汤

发汗祛风寒·益气补虚定心神

做法procedures

1. 葱洗净，切开葱白与葱青。
2. 红枣以清水泡软，沥干。
3. 1、2盛入煮锅加3碗水，外锅加2杯水，煮至开关跳起。
4. 可酌加盐调味，或不加调味料亦可。

材料ingredients

1

葱5根、红枣15枚

【调味料】盐适量

吃出健康

· 通气活血、祛寒促汗。对轻症感冒或初患感冒，体虚汗不出、畏寒、不欲食饮有效，能使汗排出、退烧、祛风寒。

· 能保护肺、肝，增强体力和抗病力，并改善体虚、易受风寒、心神不定、睡眠不稳。

保护肝脏·改善头晕眼花·情绪失调

龙骨牡蛎排骨汤

做法 procedures

1. 排骨汆烫，捞起冲净；龙骨、牡蛎以棉布袋装妥。
2. 莲子冲净；胡萝卜削皮，洗净，切块。
3. 将1、2盛入电锅内锅，加水至盖满材料，外锅加3杯水煮至开关跳起，加盐调味。

1

2

3

材料 ingredients

龙骨、牡蛎各5钱、排骨1斤、莲子4两、胡萝卜4两、棉布袋1只

【调味料】盐1茶匙

吃出健康 healthy tips

- 安神敛汗、化痰软坚，肝阳上亢而烦躁、失眠、头晕目眩、脾气不稳、盗汗自汗者，适合以此调理肝气，镇定情绪以安神助眠。
- 有虚热或发烧除热未退，仍体虚汗多、心悸心慌、失眠多梦、食欲不振的人，即适合以此汤清热、敛汗，回复正常代谢作用。

鹿茸枸杞炖鳗

益精养血·改善肾阳不足·精衰血少

材料 ingredients

鳗鱼1尾（约1斤重）、枸杞子1两、鹿茸3钱、嫩姜1块

【调味料】盐1茶匙、米酒2大匙

做法 procedures

1. 鳗鱼去鳃、肚，洗净切段，但不切断，仍维持整尾形状，盛入电锅内锅。
2. 鹿茸烧去茸毛；姜切片，和枸杞一并都倒入1内，加水至盖过材料。
3. 外锅加2杯水煮至开关跳起，加盐调味，淋上酒提味即成。

healthy tips

吃出健康

- 温肾壮阳、生精益血、强筋健骨，能促进成长发育；改善造血功能，并兴奋性机能，适合阳痿、带下之症；久婚不孕者，常食有助受孕。
- 心脏衰弱，严重贫血的人，能改善血液循环、增强心力以减轻症状。
- 发育缓慢、筋骨痿软、少男第二性征表现不明显者，食此汤能促进发育成熟、强筋健骨。

养颜抗老·健胃整肠·丰胸美乳

木瓜炖鲜奶

1. 木瓜去籽削皮，切块，盛入电锅内锅。
2. 加入鲜奶和糖，外锅加1杯水，煮至开关跳起即成。

做法procedures

1

2

材料ingredients

木瓜6两、鲜奶200毫升

【调味料】细砂糖2大匙

吃出健康 healthy tips

- 健肠整胃，促进人体对营养成分的吸收与利用，有利于腺体正常分泌，能刺激成长，表征第二性征，少女发育阶段，常食能促进胸部发育，成年妇女则能避免过早松弛下垂。
- 青木瓜含丰富消化酶，能充分消化蛋白质，提供人体成长发育不可或缺的养分；成熟木瓜的酵素含酶较低，但助消化。

苁蓉山药乌鸡汤

改善肾气不足·阳痿·提升受孕几率

材料 ingredients

乌鸡1斤、新鲜山药6两、肉苁蓉5钱、枸杞1两

【调味料】盐1茶匙

做法 procedures

1. 鸡肉汆烫，捞起，冲净，盛入电锅内锅。
2. 鲜山药削皮，洗净，切块，倒入1中。
3. 将肉苁蓉、枸杞子都加入，并加水至盖满材料，外锅加3杯水，煮至开关跳起，加盐调味。山药可在最后10分钟再加入，较有口感。

healthy tips

吃出健康

- 有强壮作用，滋阴补阳效果佳，对肾虚致阳痿、精神不振、体倦不嗜活动、腰酸、健忘、失眠、听力减退者有效。
- 也可改善妇女崩漏、不孕，能温暖子宫、调理经带，提高受孕几率，并增加男女情趣。

改善食少体倦·养颜美白效果佳

山药煮鲜奶

1. 鲜奶倒入大碗，加山药粉和糖搅拌均匀，以保鲜膜覆盖。
2. 移入电锅，外锅加2/3杯水煮至开关跳起。

做法procedures

1

2

材料ingredients

鲜奶200毫升、山药粉4大匙（60克）

【调味料】砂糖2/3大匙

吃出健康 healthy tips

- 健脾益胃，润肺补肾，改善衰弱乏力、体倦食欲不振，对妇女白带、遗精遗尿、慢性肾炎、小便频数亦见效。
- 营养作用佳，能调节机能、强健体魄、治疗气管炎症、止咳化痰、消炎脱敏；而且能美白嫩肤、细嫩肤质，是美容圣品。

黑糖芋头

益气宽肠·改善羸弱倦怠

1. 芋头刷净，盛入电锅内锅，加水至盖满材料。
2. 外锅加2杯水煮至开关跳起，续焖5分钟，取出芋头，剥去外皮盛盘。
3. 黑糖加半杯水以小火煮至融解成浓汁状，起锅，淋在芋头上。

做法procedures

1

2

材料ingredients

小芋头1斤

【调味料】 黑糖6大匙

healthy tips

吃出健康

- 补气归阳、益肾添精，脾胃虚弱、身羸体瘦者，以此为副食品，能增进热能、补充体力、减轻疲劳。
- 黑糖所含铁、钙、钾、钠等元素，比白糖丰富，能增强抵抗力、防止疲劳、缓和失眠、减轻痛感、消弥紧张、避免神经痛的效果，都优于白糖。

镇咳止喘·美化嗓音·强化呼吸功能

川贝蒸梨

材料 ingredients

二十世纪梨1个、川贝母2钱、枸杞子1钱

【调味料】冰糖1大匙

做法 procedures

1. 梨子洗净，自蒂头往下1/3处切开。
2. 挖掉心籽，将川贝、枸杞、冰糖倒入梨内，加水至盖满材料，再将蒂头部分当盖子覆盖好，盛入碗盅内。
3. 移入电锅，外锅加2杯水，蒸至开关跳起。

吃出健康 healthy tips

- 清热化痰、镇咳止喘，适合肺虚久咳、痰少咽燥，或风热感冒、痰浓稠腻者食用，能润燥，强化呼吸道抵抗力，并有润喉美嗓作用。
- 可改善乳腺发炎、疮疡、肺痈等症。
- 能止咳化痰，但不适合寒痰，痰稀痰白之症则不宜。

抗老防衰·减缓老化速度

紫米甜粥

做法procedures

1. 紫米淘净，以清水浸泡2小时。
2. 饭豆淘净，亦浸泡2小时。
3. 莲子冲净，和1、2一同盛入电锅内锅，加水至盖过材料，外锅加4杯水。
4. 煮至开关跳起，加糖调味拌匀，覆盖续焖10分钟即成。

材料ingredients

1

紫米1杯、饭豆2/3杯、莲子2/3杯

【调味料】赤砂糖5大匙

吃出健康 healthy tips

- 抗老防衰、健脾益胃，为滋补佳品，能补益骨髓、防贫血、止便秘，适合调理身体虚弱、摄食失衡的人食用；以此为坐月子辅助补品，有助快速恢复元气。
- 紫米又称黑糯米，所含花青素为抗氧化、防癌重要物质，但黏性较强，不宜一次多食，儿童、老人消化功能较弱者，慎食。

清心止渴·美白润泽肌肤

银耳椰肉枸杞甜汤

做法procedures

1. 银耳泡发，去蒂切小朵。
2. 椰肉切片。
3. 将枸杞子和银耳、椰肉盛入电锅内锅，加水至盖满材料，外锅加2杯水。
4. 煮至开关跳起，加糖拌融即成；待凉后冰镇，亦十分清凉爽口。

材料ingredients

银耳1两、枸杞子1两、椰肉4两

【调味料】冰糖80克（约5大匙）

吃出健康

- 清肺热、滋肾燥，能清心解热、生津止渴，改善身热、晕眩、倦怠、口渴不止、鼻血、咯血，并能愉悦心情，抵抗忧郁。
- 提供优质的胶质蛋白，活化细胞组织，预防皮肤过早老化，并增强其保湿及对抗紫外线伤害的能力，达美白细嫩肤质效果。

healthy tips

温补脾胃・增进脑智

桂圆糯米甜粥

做法procedures

1. 糯米淘净，以清水浸泡2小时，沥干。
2. 盛入电锅内锅，加4杯水，将剥散的桂圆肉加入，外锅加3杯水煮至开关跳起。
3. 加糖调味，覆盖再焖10分钟即成。

材料ingredients

圆糯米1杯、桂圆肉2两

【调味料】赤砂糖3~4大匙

吃出健康

- 温补脾胃、宁心安神，改善心力交瘁、失眠健忘、惊悸焦虑，并促进气血循环，增强脾胃消化吸收功能，改善体虚力弱、食欲不振、能促进成长发育、开发脑智。
- 温补效果佳，体热、火气旺盛而口臭严重、流鼻血、眼睛充血、牙龈出血的人，慎食。
- 糯米性黏滞，脾胃极为虚弱，老人或儿童都不宜一次多量。

healthy tips

银耳莲子红枣汤

止咳祛痰・促进内分泌循环

1. 银耳泡发，去蒂切小朵。
2. 莲子冲净，和银耳、红枣一同盛入电锅内锅，加水至盖过材料。
3. 外锅加3杯水煮至开关跳起，加糖拌融，再覆盖焖10分钟即成。

做法procedures

1

2

材料ingredients

银耳1两、莲子半斤、红枣10枚

【调味料】冰糖80克

吃出健康

・安心养神、止咳化痰、生津润肺、益肾固涩，除能祛痰止咳、镇喘止痛，且能调节内分泌，有助性荷尔蒙产生，改善遗精、崩漏、腹泻等现象。

・银发族群，肾气渐衰、元气渐失，多食此汤，有助固守肾气、延缓老化的脚步，并能提升睡眠品质，补脑防快速失忆，有健身延寿之功。

补肾润肺·改善精力不足及产后虚弱

哈蟆油白果甜汤

做法 procedures

1. 哈士蟆自腹部切开，取出哈膜油，挑去杂质，以清水泡发，沥干水分备用。
2. 将1和白果、枸杞盛入电锅内锅，加水至盖满材料，外锅加$1\frac{1}{2}$杯水煮至开关跳起。
3. 加糖调味即成。

材料 ingredients

哈士蟆1只、罐头白果150克、枸杞子1两

【调味料】 冰糖60克（约4大匙）

吃出健康 healthy tips

· 敛肺止咳、祛痰定喘，补肾润肺效果佳，改善精力不足、小便频数、遗尿、白带或白浊之症，并有调节血压的作用，产后虚弱者，可以此为辅食品，能提振活力，较快恢复元气。

· 哈蟆油为哈士膜的干燥卵巢、输卵管等组织，主要成分为蛋白质，对细胞生成和修复大有助益。

花生汤加油条

维持神经系统健康·延缓脑力衰退

做法procedures

1. 花生仁淘净，以清水浸泡2小时，沥干，盛入煮锅，加水至盖过材料。
2. 外锅加3杯水，煮至开关跳起，加糖拌融，覆盖续焖10分钟。
3. 吃时将油条剥小块加入一同食用。

材料ingredients

1

healthy tips

去膜花生仁1斤、油条1根

【调味料】白糖80克

吃出健康

· 富含蛋白质和不饱和脂肪酸，防止动脉中胆固醇沉积，并促进皮肤毛发的健康，对防老抗皱、润泽肌肤、保持其弹性有一定效果。

· 维持神经系统健康运作，延缓脑细胞老化、脑力衰退，并帮助腺体作用，促进发育，包括发达乳腺，亦为丰胸美乳常用食材。

图书在版编目（CIP）数据

电锅百宝菜 / 郭月英，陈丽玲著.—北京：中国农业大学出版社，2009.6
ISBN 978-7-81117-650-6

I. 电… II. ①郭…②陈… III. 菜谱 IV.TS972.12

中国版本图书馆CIP数据核字（2008）第205224号

著作权合同登记图字：01-2008-5523

书 名 电锅百宝菜
作 者 郭月英 陈丽玲 著

策 划 六睿工社·张蕊 陆强
责任编辑 于 雪
封面设计 北京水长流文化发展有限公司
责任校对 陈 莹 王晓凤
出版发行 中国农业大学出版社
社 址 北京市海淀区圆明园西路2号
邮政编码 100193
电 话 发行部 010-62731190,2620
编辑部 010-62732617,2618
读者服务部 010-62732336
出 版 部 010-62733440
网 址 http://www.cau.edu.cn/caup
E-mail cbsszs@cau.edu.cn
经 销 新华书店
印 刷 涿州市星河印刷有限公司
版 次 2009 年 6 月第 1 版 2009 年 6 月第 1 次印刷
规 格 889×1194 24 开本 4 印张 105 千字
定 价 12.80 元

图书如有质量问题本社发行部负责调换